Panteliana Ioannou

O efeito da toma de um suplemento de canela a curto prazo em indivíduos saudáveis

Panteliana Ioannou

O efeito da toma de um suplemento de canela a curto prazo em indivíduos saudáveis

O efeito da canela no estado glicémico, nos parâmetros lipídicos, na composição corporal e nos marcadores de saúde padrão

ScienciaScripts

Imprint
Any brand names and product names mentioned in this book are subject to trademark, brand or patent protection and are trademarks or registered trademarks of their respective holders. The use of brand names, product names, common names, trade names, product descriptions etc. even without a particular marking in this work is in no way to be construed to mean that such names may be regarded as unrestricted in respect of trademark and brand protection legislation and could thus be used by anyone.

Cover image: www.ingimage.com

This book is a translation from the original published under ISBN 978-3-659-89401-5.

Publisher:
Sciencia Scripts
is a trademark of
Dodo Books Indian Ocean Ltd. and OmniScriptum S.R.L publishing group

120 High Road, East Finchley, London, N2 9ED, United Kingdom
Str. Armeneasca 28/1, office 1, Chisinau MD-2012, Republic of Moldova, Europe
Managing Directors: Ieva Konstantinova, Victoria Ursu
info@omniscriptum.com

Printed at: see last page
ISBN: 978-620-8-62145-2

ÍNDICE

AGRADECIMENTOS

Gostaria de agradecer à Escola de Ciência Alimentar e Nutrição da Universidade de Leeds pela utilização do equipamento e a todos os voluntários que participaram neste estudo. Um agradecimento especial deve ser dado à Dra. Joanne Maycock, a minha supervisora do projeto de investigação, pela sua orientação e apoio valioso, e ao Dr. David Hauton pelas suas recomendações úteis sobre este projeto. Gostaria também de agradecer à Dra. Samantha Sutulic pela sua ajuda e assistência.

RESUMO

A canela foi previamente estudada pela sua atividade potenciadora da insulina em muitos estudos *in vitro* e *in vivo*. Foi proposto que a canela e os seus compostos fenólicos têm um efeito benéfico no controlo glicémico e no perfil lipídico em doentes com diabetes tipo 2. O objetivo deste estudo foi examinar os efeitos da suplementação com canela na glicose plasmática em jejum (FPG), no perfil lipídico do sangue, na composição corporal e nos marcadores padrão de saúde, incluindo a pressão arterial, a frequência cardíaca e a variabilidade da frequência cardíaca (HRV). Vários marcadores, incluindo a tolerância à glucose, a resistência à insulina e a sensibilidade à insulina, foram também medidos na linha de base e após a intervenção. Um total de dez indivíduos saudáveis (idade 24,20±1,10 anos, IMC 23,40±1,00 kg/m^2) foram recrutados para receber 3 g de canela diariamente durante uma semana. Após sete dias de tratamento, foram observadas reduções significativas no FPG, nas respostas da glicose ao teste oral de tolerância à glicose (OGTT) e na VFC em comparação com a linha de base, mas não houve alterações significativas no perfil lipídico, nas variáveis antropométricas, na pressão arterial, na frequência cardíaca ou nos índices de sensibilidade/resistência à insulina. Em conclusão, o presente estudo sugere que o consumo de 3 g de canela por dia pode ser eficaz na melhoria do estado glicémico e, por conseguinte, na redução dos factores de risco relacionados com a diabetes e as doenças cardiovasculares.

CAPÍTULO 1. INTRODUÇÃO

1.1. A canela e os seus constituintes

A canela é uma das especiarias mais utilizadas em todo o mundo. Trata-se de um pó castanho obtido a partir da casca interna de árvores do género *Cinnamomum*. Estas árvores crescem principalmente no Sul da Ásia *(Cinnamomum verum, Cinnamomum zeylanicum)* e no Sudeste Asiático (canela chinesa ou cássia, *Cinnamomum cassium)* (Ranasinghe *et al.*, 2013). Das espécies listadas, a canela cássia foi sugerida como uma possível cura para a diabetes tipo 2 (Howard e White, 2013). A canela tornou-se um produto de interesse, uma vez que é conhecida por proporcionar benefícios para a saúde, como a capacidade de reduzir os lípidos séricos e a glicose no sangue (Khan *et al.*, 2003; Mang *et al.*, 2006; Wang *et al.*, 2007). Pensa-se que os benefícios da canela para a saúde são atribuídos a uma variedade de constituintes. Foi sugerido que os efeitos benéficos da canela no controlo da glicose se devem a um dos seus principais componentes, os chamados polifenóis do tipo A (Anderson *et al.*, 2004). A estrutura destes componentes é um polímero de procianidina tipo A duplamente ligado e é apresentada na Figura 1. Além disso, outros constituintes da canela incluem o cinamaldeído, que é identificado como o principal componente da casca e o eugenol como o principal componente dos extractos da folha, bem como o álcool cinamílico, a cumarina, os ácidos fenólicos, os terpenos, os hidratos de carbono e os taninos (Singletary, 2008).

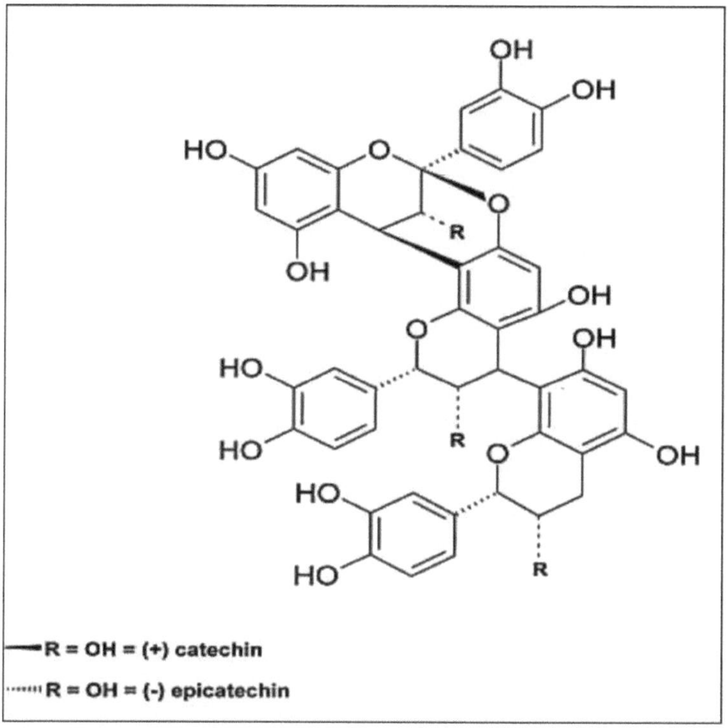

Figura 1. Estrutura dos compostos polifenólicos da canela (um polímero de procianidina tipo A duplamente ligado) que apresenta propriedades potenciadoras da insulina e aumenta a atividade da insulina (de Cao *et al.*, 2007).

1.2. Utilizações tradicionais e benefícios para a saúde

A canela é utilizada principalmente pela sua fragrância nas indústrias de aromas e essências, que podem contribuir para diferentes variedades de géneros alimentícios, perfumes e produtos medicinais. Nos alimentos, a canela é conhecida por proporcionar uma sensação de doçura e é também utilizada como agente aromatizante em muitos produtos, tais como produtos de pastelaria, bebidas, pratos de carne e cereais. Além disso, o óleo da casca pode ser utilizado na produção de perfumes, cosméticos, champôs e sabonetes (Singletary, 2008). Para além da sua utilização como especiaria e agente aromatizante, os constituintes da canela desempenham um papel vital na saúde, uma vez que têm propriedades antimicrobianas (Gende *et al.*, 2008), antifúngicas (Wang *et al.*, 2005), antioxidantes (Singh *et al.*, 2007), anti-inflamatórias (Dugoua *et al.*, 2007), antidiabéticas e anticancerígenas (Schoene *et al.*, 2005).

1.2. Diabetes mellitus

A diabetes mellitus é a doença metabólica mais comum em todo o mundo, afectando aproximadamente 6% da população mundial (Rudkowska, 2009). A diabetes tipo 2 afecta 90% dos casos de diabetes, sendo os restantes 10% devidos à diabetes mellitus tipo 1. A diabetes é causada pela disfunção das células beta pancreáticas e pela resistência à insulina, uma condição em que o corpo liberta insulina, mas as células do corpo tornam-se resistentes a ela, levando a um nível elevado de açúcar no sangue, uma condição chamada hiperglicemia. Embora as causas da diabetes tipo 2 sejam multifactoriais, a obesidade desempenha um papel preponderante na incidência e gravidade desta doença. O controlo do peso e o tratamento medicamentoso são duas formas eficazes de prevenir ou tratar a diabetes tipo 2. No entanto, alguns componentes da dieta também demonstraram desempenhar um papel fundamental nas pessoas com diabetes de tipo 2. Foi alegado que várias ervas e especiarias reduzem os efeitos hipoglicémicos em doentes com diabetes. Algumas delas são a canela, o cravinho, as folhas de louro e a curcuma (Khan *et al.*, 1990).

1.3. Potenciais mecanismos de ação

A resistência à insulina desempenha um papel fundamental no desenvolvimento da diabetes. Os mecanismos que conduzem à cascata da insulina envolvem a ligação da insulina ao substrato-1 do recetor de insulina (IRS-1), o que provoca a autofosforilação do IRS-1 (Kahn e White, 1988). O IRS-1 resulta no recrutamento da proteína 2 ligada ao recetor do fator de crescimento (GRB-2), activando a via Ras. O IRS-1 ativa então a fosfatidilinositol-3-quinase (PI 3-K), que catalisa a adição de um grupo fosfato a um lípido membranar PIP_2, convertendo-o em PIP_3. O PIP_3 liga-se a uma proteína cinase, denominada Akt, que é activada por outras cinases

(White, 1998). A Akt catalisa a fosforilação de proteínas-chave, resultando num aumento da atividade da glicogénio sintase e no recrutamento do transportador de glicose, GLUT4, para a membrana celular (Hara *et al.,* 1994). Nos doentes diabéticos, este mecanismo é afetado quando as células se tornam resistentes à insulina e, por conseguinte, não conseguem absorver a glicose, uma condição denominada resistência à insulina (Qin *et al.*, 2003).

1.4. Modelo dos efeitos da canela

Um fator não identificado foi isolado da canela por Khan *et* al. (1990), que o designaram por fator potenciador da insulina (FPI). Relataram que o FPI aumentava a atividade da insulina em 3 vezes no metabolismo da glicose em ratos. Este fator desconhecido foi depois caracterizado como polímeros de metil-hidroxil-chalcona (MHCP) por Anderson (2001). Estes demonstraram que o MHCP aumentava o metabolismo da glucose dependente da insulina em 20 vezes *in vitro.* Sugeriram que o MHCP tornava as células adiposas mais reactivas à insulina, activando a enzima que faz com que a insulina se ligue às células (insulina-recetor-quinase) e inibindo a enzima que bloqueia esta via (insulina-recetor-fosfatase), o que resultava numa fosforilação máxima do recetor de insulina (Imparl-Radosevich *et al.,* 1998).

Estudos *in* vitro mostraram que os polifenóis extraídos da canela activam os receptores de insulina aumentando a sua fosforilação em tirosina e diminuindo a atividade da fosfatase. Além disso, os polifenóis da canela aumentam a atividade da glicogénio sintase e a acumulação de glicogénio, diminuem a atividade da glicogénio sintase (GS) cinase-3 beta (β) (GSK3β) e aumentam a atividade da tristetraprolina (TTP) diminuindo a sua fosforilação através da inibição da atividade da GSK3β (Jarvill-Taylor *et al.*, 2001; Anderson *et al.*, 2004). Cao *et al.* (2007) também referiram que os polifenóis da canela aumentam a quantidade de proteína do recetor de insulina (IR) e a quantidade de proteína GLUT 4, bem como a quantidade da proteína anti-inflamatória TTP. Além disso, Qin *et al.* (2003) sugeriram que o tratamento com extrato de canela *in vivo* aumenta o nível de fosforilação da tirosina do IRS-1 e a associação IRS-1/PI 3-quinase, o que leva a uma melhor ativação da PI 3-quinase. Os mecanismos acima referidos estão resumidos na Figura 2. Estes resultados sugerem fortemente que os polifenóis da canela podem afetar várias etapas associadas à função da glicose e da insulina. Assim, ao reforçar as vias de sinalização da insulina, a atividade da PI 3-K aumenta, levando à regulação da captação de glicose estimulada pela insulina e à síntese de glicogénio (Qin *et al.*, 2003). Estas actividades têm o potencial de conduzir a um transporte e utilização mais eficientes da glicose em doentes diabéticos.

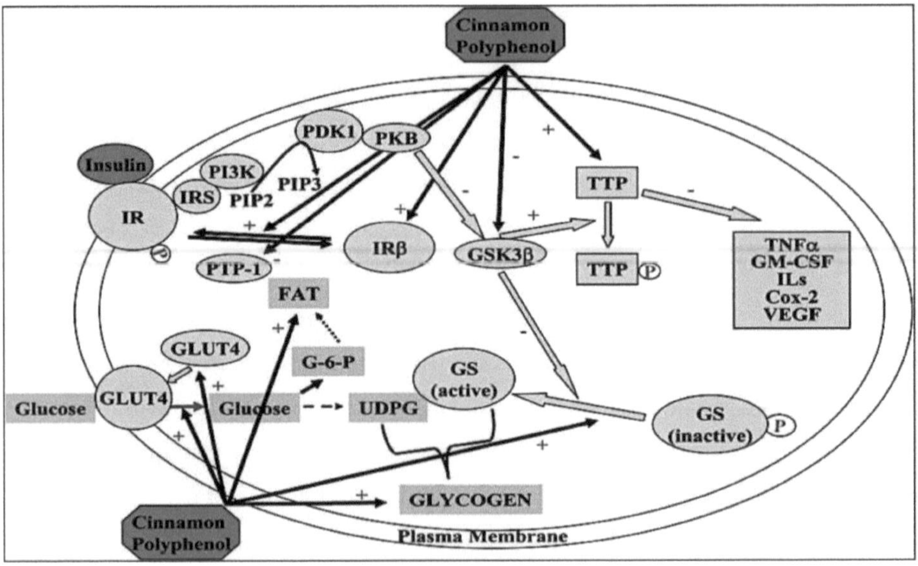

Figura 2. Um modelo das acções dos polifenóis da canela na via de transdução do sinal da insulina que resulta em efeitos benéficos em doentes com diabetes tipo 2. IRS, substrato do recetor de insulina; PI3K, 1-fosfatidilinositol 3-quinase; PIP2, fosfatidilinositol 4,5-bisfosfato; PIP3, fosfatidilinositol 3,4,5- trisfosfato; PTP-1, proteína tirosina fosfatase-1; PDK1, proteína quinase dependente de fosfatidilinositol 1; GSK3β, glicogénio sintase (GS) quinase-3 beta (β); TTP, tristetraprolina; G-6-P, glicose 6-fosfato; PKB, proteína quinase B; UDPG, uridina difosfoglicose; GM-CSF, fator estimulador de colónias de granulócitos e macrófagos; Cox2, ciclooxigenase-2; VEGF, fator de crescimento endotelial vascular; -, efeito negativo; +, efeito positivo. (De Cao *et al.*, 2007).

1.5. Estudos anteriores

A canela e os seus constituintes têm sido estudados em muitos ensaios clínicos controlados e aleatorizados relativamente às suas acções antidiabéticas, mas os resultados têm sido inconclusivos. O primeiro ensaio clínico realizado por Khan *et al.* (2003) concluiu que, após 40 dias de suplementação de canela com 1, 3 ou 6 g/dia em pacientes com diabetes tipo 2, foi observada uma diminuição significativa da glucose plasmática em jejum (FPG), dos triglicéridos, do LDL e do colesterol total, sugerindo um benefício da suplementação com canela e um possível agente terapêutico. O estudo de Khan foi o primeiro na literatura humana; no entanto, seguiram-se mais estudos. Mang *et al.* (2006) registaram uma diminuição do FPG em doentes com diabetes tipo 2, que tomaram um suplemento de canela (3 g/dia) durante 4 meses. Estes resultados sugerem que mesmo uma pequena quantidade de canela na dieta destes pacientes representa uma forma segura e eficaz de minimizar os factores de risco da diabetes. No entanto, Vanschoonbeek *et al.* (2006) propuseram que a suplementação com canela (1,5 g/dia) não melhorou a sensibilidade à insulina, a tolerância oral à glicose ou os perfis lipídicos em diabéticas de tipo 2 pós-menopáusicas, o que contrariou os resultados de Khan *et al.* e Mang *et al.* Além disso, foram realizados cinco estudos relacionados com os efeitos da canela em indivíduos saudáveis e não diabéticos, dois dos quais relataram efeitos benéficos da canela (Solomon e Blannin, 2007; Hlebowicz *et al.,* 2007). É evidente, com base na literatura, que os dados dos estudos realizados até à data em seres humanos são inconclusivos; por conseguinte, é necessária mais investigação antes de a canela poder ser recomendada como um tratamento eficaz da diabetes tipo 2.

1.6. Metas e objectivos

No presente estudo, foi concebido um ensaio clínico aleatório para investigar os benefícios propostos para a saúde da suplementação com canela numa população saudável e não diabética. O objetivo primário deste estudo foi avaliar as respostas da glicose plasmática em jejum, da insulina, do colesterol total, dos triglicéridos e do L-lactato após o consumo de um suplemento de canela durante uma semana. Os objectivos secundários eram avaliar a segurança deste composto medindo as alterações nos marcadores padrão de saúde, como a pressão arterial, a frequência cardíaca e a variabilidade da frequência cardíaca; e observar as alterações no peso corporal, no índice de massa corporal (IMC) e na composição corporal. Foram também medidos vários marcadores, incluindo a tolerância oral à glucose, a resistência à insulina e a sensibilidade à insulina.

CAPÍTULO 2. CONCEPÇÃO E MÉTODOS DE INVESTIGAÇÃO

2.1. Localização, dimensão da amostra e critérios de registo do estudo

O estudo foi aprovado pelo Comité de Ética de MaPS e Engenharia (MEEC) da Universidade de Leeds, Reino Unido (UK). Um total de dez indivíduos saudáveis foram recrutados para participar neste estudo. Os objectivos deste estudo e os riscos de todos os procedimentos experimentais foram descritos aos voluntários, após o que estes preencheram um formulário de consentimento. Os critérios de exclusão foram: diabetes, insuficiência cardíaca, asma, bronquite, doença pulmonar obstrutiva crónica (DPOC), doença de Raynaud, pacemaker implantado, gravidez e lactação e alergias alimentares, incluindo itens como leite, ovos, soja, glúten, frutos secos e canela. Todos os voluntários foram avaliados através de um questionário geral de saúde e alimentação (Anexo 1), que continha informações pormenorizadas sobre as caraterísticas corporais (altura, peso, idade, sexo, etc.) e uma descrição do exercício semanal estimado e do sono (número de horas), bem como do consumo de alimentos e bebidas contendo canela antes de iniciarem o estudo. Os ensaios foram efectuados no Human Study Facility da School of Food Science and Nutrition, Faculdade de Ciências Matemáticas e Físicas da Universidade de Leeds e os voluntários tiveram de fazer um total de duas visitas ao Human Study Facility, cada visita separada por, pelo menos, cinco dias.

2.2. Conceção do estudo e suplementação

Foram recrutados voluntários saudáveis na comunidade local. Os suplementos de canela foram adquiridos localmente numa loja de produtos alimentares saudáveis em Leeds (Holland and Barrett Ltd, Reino Unido) e a dose proposta para cada sujeito foi de 3 g por dia. As cápsulas de canela eram uma erva natural 100% certificada (referência: HBL14020). Os ingredientes das cápsulas incluíam 100% de casca de canela e o invólucro da cápsula continha agentes de volume (fosfato dicálcico e celulose microcristalina) e agentes antiaglomerantes de dióxido de silicone e estearato de magnésio. A dose foi dividida em duas, uma metade consumida ao pequeno-almoço e a outra metade consumida ao jantar durante um total de sete dias. Cada sujeito foi obrigado a devolver os frascos de plástico do respetivo suplemento para contagem das cápsulas. A dose específica foi escolhida por não terem sido observados efeitos secundários neste grupo-alvo com base na literatura. Além disso, os sujeitos foram instruídos a não alterar as suas dietas e a continuar a sua atividade física habitual durante todo o estudo. Além disso, foi calculada uma estimativa da ingestão de canela para cada sujeito com base no seu consumo de alimentos e bebidas que contêm canela. Cada um dos alimentos e bebidas que contêm canela foi classificado de 1 a 4 com base na quantidade de canela que contêm. Partindo do princípio de que uma bolacha contém 100 mg de canela, foi atribuída uma pontuação de 1 a cada bolacha ingerida. Outros alimentos e bebidas que contêm canela foram pontuados da mesma forma e depois convertidos em gramas de canela por dia. Os cálculos da ingestão aproximada de canela de cada indivíduo são apresentados no Apêndice 2.

2.3. *Colheita e preparação do sangue*

Os indivíduos foram obrigados a jejuar durante a noite por um período mínimo de 10-12 horas. Foram colhidas duas amostras de sangue por punção venosa de cada indivíduo para quantificar as concentrações de metabolitos no plasma no início e no final de uma semana de ensaio. Todas as amostras de sangue foram colhidas de manhã, aproximadamente à mesma hora do dia, para minimizar a variação diurna. Foram colhidos cerca de 10 ml de sangue em jejum de cada indivíduo e transferidos para tubos de colheita de sangue Vacuette® FX de fluoreto de sódio/oxalato de potássio de 4 ml (Greiner Bio-One, Áustria). As amostras de sangue foram depois centrifugadas durante 10 minutos (Thermo Scientific™ Heraeus™ Megafuge™ 16 Centrifuge Series, EUA) a 1500 rpm a 25° C para separação do soro. O plasma sanguíneo foi então recolhido e transferido para microtubos de 1,5 ml (Sarstedt Aktiengesellchaft & Co., Alemanha) e armazenado a -80° C até à análise do perfil lipídico, da glicose e da insulina.

2.4. Frequência cardíaca (FC) e pressão arterial (PA)

Foi pedido aos sujeitos que se abstivessem de atividade física intensa durante pelo menos 48 horas antes de comparecerem no Centro de Estudos em Humanos. A fim de investigar os efeitos dos suplementos de canela na frequência cardíaca e na pressão arterial em indivíduos saudáveis, foi realizado um teste de pé prolongado, também designado por teste de esforço ortostático, juntamente com medições periódicas da pressão arterial utilizando um monitor de pressão arterial totalmente automático no braço (KD 525, Lloyds Pharmacy, Reino Unido). O Teste de Esforço Ortostático foi realizado para estimar os efeitos da suplementação com canela, mas apenas na atividade basal do coração (em repouso) e para determinar os seus efeitos no equilíbrio entre a ativação e a inibição dos nervos no corpo para controlar a pressão arterial normal. As medições da frequência cardíaca foram efectuadas com o software Chart 5 v5.4.2 (ADInstruments, Austrália). O Chart 5 é um software que regista dados de tensão de um transdutor de pulso do dedo, que está ligado ao hardware PowerLab 4/25 (ADInstruments, Austrália). O hardware PowerLab mede sinais eléctricos que são depois convertidos numa representação digital, que é apresentada diretamente no ecrã do computador. Enquanto estavam ligados ao transdutor de pulso, foi-lhes pedido que se deitassem numa posição relaxada durante 30 minutos, período durante o qual foram registadas periodicamente as medições da frequência cardíaca e da pressão arterial.

2.5. *Variabilidade da frequência cardíaca (HRV)*

A VFC foi medida com o objetivo de examinar o efeito da canela nos indivíduos enquanto estes estavam deitados. A VFC é definida como o intervalo batimento a batimento, também designado por intervalo RR. Geralmente, um traçado típico de eletrocardiograma (ECG) é um ciclo repetitivo de três entidades eléctricas: uma onda P que representa a onda de despolarização auricular, um complexo QRS que representa o tempo necessário para as células ventriculares despolarizarem e uma onda T que representa a repolarização dos ventrículos. Além disso, R é um ponto correspondente ao pico do complexo QRS e RR é o intervalo entre RS. A descrição acima é apresentada esquematicamente na Figura 3. A análise foi efectuada com recurso ao software Chart 5 v5.4.2 (ADInstruments, EUA) com base num determinado período de tempo. O software Chart 5 mede a frequência (ms^2), que é o número de batimentos cardíacos dividido pelo tempo necessário para analisar as amostras, que neste caso foi 10 minutos. A análise da recuperação da frequência a partir destas medições da FC foi efectuada para avaliar as alterações nas três bandas de frequência: frequência muito baixa (VLF), frequência baixa (LF) e frequência alta (HF) provocadas pelos suplementos de canela. Para além disso, pode assumir-se que o estado biológico dos sujeitos permaneceu normal e que a única intervenção foi o tratamento ± 7 dias.

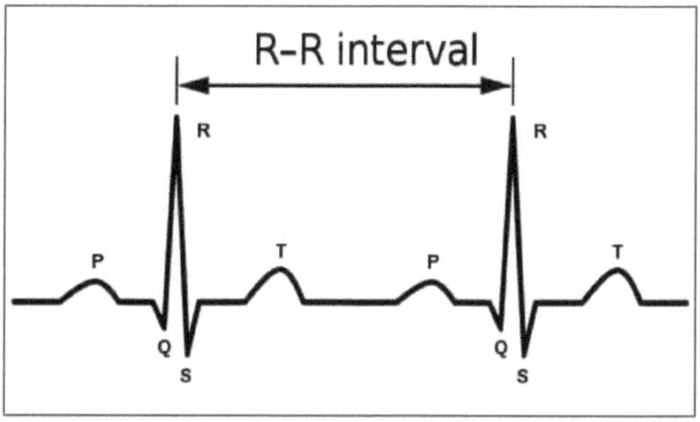

Figura 3. Diagrama do ritmo sinusal normal para um coração humano visto no ECG, dois períodos formando um intervalo RR (Do Estudo de Técnicos de Ambulância, 2006)

2.6. Teste oral de tolerância à glucose (OGTT)

Foi efectuado um teste oral de tolerância à glucose (OGTT) padrão de 50 g após 10-12 horas de jejum para determinar a resposta do doente à glucose durante os primeiros 30 minutos do OGTT. Os indivíduos foram instruídos a ingerir uma bebida contendo 50 g de glucose antes de qualquer medição. Foram colhidas amostras de sangue por picada no dedo 30 minutos após a ingestão da bebida contendo glucose para medir os níveis de glucose no sangue. Utilizando um sistema de monitorização da glucose no sangue (ACCU-CHEK® Aviva, Reino Unido) juntamente com um dispositivo de punção (PiC Indolor Digitest, Reino Unido), os níveis de glucose no sangue foram medidos no início e no fim do estudo.

2.7. Antropometrias

O peso, a altura e a composição corporal foram medidos em jejum, com o mínimo de vestuário e sem sapatos, no início e no fim do estudo, a fim de determinar se a canela tinha um efeito sobre estes parâmetros. Utilizando um monitor de composição corporal e uma balança com sensor de corpo inteiro (Omron HBF-510, Reino Unido) e um estadiómetro de parede (Leicester Height Measure, Reino Unido), foram medidos o peso e a altura em pé, respetivamente. O índice de massa corporal (IMC) foi calculado como o peso (quilogramas) dividido pelo quadrado da altura (metros). Além disso, as circunferências da cintura e da anca foram medidas com uma fita métrica sobre vestuário leve e o rácio cintura/quadril foi calculado dividindo as circunferências da cintura pelas da anca. A composição corporal foi medida por análise de impedância bioeléctrica (BIA) utilizando a balança Omron HBF-510, que determina a impedância eléctrica da gordura corporal, do músculo esquelético e da gordura visceral, fornecendo assim uma estimativa da água corporal total.

Equação 1.

$$BMI\ (kg\ m^{-2}) = Weight(kg)/Height^2(m^2)$$

2.6. *Medidas da resistência à insulina e da sensibilidade à insulina*

A resistência à insulina e a sensibilidade à insulina foram medidas com o objetivo de determinar se a ingestão de canela tinha provocado efeitos marcantes sobre elas. O índice de resistência à insulina foi calculado com base no modelo de avaliação da homeostase da resistência à insulina (HOMA-IR). O índice HOMA-IR foi calculado como o produto das concentrações de glucose sérica em jejum (mmol/L) e insulina (μIU/ml) dividido por 22,5. A constante de 22,5 é um fator de normalização; ou seja, o produto do plasma normal em jejum de 5 μIU/L e a glicose plasmática normal em jejum de 4,5 mmol/L típica de um indivíduo saudável normal = 22,5 (Matthews *et al.*, 1985).

Equação 2.

$$\frac{fasting\ glucose\ (mmol\ L^{-1}) \times fasting\ insulin\ (\mu IU\ mL^{-1})}{22.5}$$

O índice de sensibilidade à insulina foi calculado com base no índice quantitativo de controlo da sensibilidade à insulina (QUICKI). O índice QUICKI foi calculado utilizando o inverso da soma dos logaritmos da glucose em jejum e da insulina em jejum (Katz *et al.*, 2000).

Equação 3.

$$\frac{1}{[\log fasting\ glucose\ (mg\ dL^{-1}) + \log fasting\ insulin\ (\mu IU\ mL^{-1})]}$$

2.7. Análises bioquímicas

Os níveis de glucose plasmática em jejum, insulina, triglicéridos, colesterol total e L-lactato foram medidos bioquimicamente para determinar quaisquer alterações nos seus níveis antes e depois do tratamento com canela. A insulina foi analisada pelo método de ensaio imunoenzimático (ELISA) em sanduíche de fase sólida, utilizando um kit disponível no mercado (Insulin ELISA kit, Human, #KAQ1251, Life Technologies, UK). O ensaio utiliza anticorpos monoclonais dirigidos contra epítopos distintos da insulina. Durante este ensaio, foram pipetadas para os poços amostras que incluíam padrões de teor de insulina conhecido, amostras de controlo e amostras de plasma (50 µl de cada). Um anticorpo monoclonal detetor marcado com peroxidase de rábano (HRP) (50 µl) foi então adicionado aos poços e incubado durante 45 minutos à temperatura ambiente. A placa de microtítulo foi então lavada três vezes (tampão de lavagem) para remover o anticorpo marcado com enzima não ligado e foi adicionada uma solução de substrato chamada tetrametilbenzidina [TMB]-H_2O_2) (100 µl) e incubada durante mais 15 minutos à temperatura ambiente. Foi então adicionado ácido clorídrico (1,0 N HCl [solução de paragem]) (100 pl) para parar a reação e a placa de microtitulação foi lida no espetrofotómetro (Thermo Scientific™ Multiskan™ FC Microplate Photometer, EUA). A absorvância foi lida a 450 nm com o leitor de placas calibrado contra um branco, composto por 100 µl de cada solução de substrato e HCl. A intensidade da cor (cor amarela) medida foi diretamente proporcional à concentração de insulina na amostra de controlo original. Foi então gerada uma curva padrão ($y = 0{,}01\ x - 0{,}0075$), que foi utilizada para determinar a concentração das amostras de plasma desconhecidas e dos controlos e que é apresentada no Apêndice 3.

A glucose plasmática em jejum foi determinada após oxidação enzimática na presença de glucose oxidase pelo kit glucose oxidase - fenol + aminofenazona (Glucose GOD-PAP kit, #GL2614, Randox, North Ireland). Ao longo deste ensaio, formou-se peróxido de hidrogénio (H_2O_2), que reagiu sob a catálise da peroxidase, com fenol e 4-aminofenazona para formar um corante vermelho-violeta de quinona imina que foi utilizado como indicador. Um volume de 5 µl do padrão e da amostra e 250 µl do reagente foram pipetados para os poços de uma placa de microtitulação, misturados e incubados durante 10 minutos à temperatura ambiente. A placa de microtitulação foi então lida no espetrofotómetro (Thermo Scientific™ Multiskan™ FC Microplate Photometer, EUA) a 500 nm.

As concentrações séricas de triglicéridos e de colesterol total foram analisadas utilizando métodos enzimáticos de ponto final. Os triglicéridos foram medidos pelo kit glicerol-3-fosfato oxidase - fenol + aminofenazona (Triglyceride GPO-PAP kit, #TR210, Randox, Irlanda do Norte) e o colesterol total pelo kit colesterol oxidase - fenol + aminofenazona (Total Cholesterol CHOD-PAP kit, #CH201, Randox, Irlanda do Norte). Os triglicéridos foram determinados após hidrólise enzimática com lipases e o colesterol total após hidrólise enzimática e oxidação. Em ambos os ensaios, o indicador formado foi a quinoneimina, que foi produzida por peróxido de hidrogénio, 4-aminofenazona e 4-clorofenol (GPO- PAP) ou peróxido de hidrogénio e 4-amionoantipirina (CHOD-PAP), ambos sob a influência catalítica de fenol e peroxidase. Durante estes ensaios, as amostras, incluindo o padrão de teor conhecido (5 µl), as amostras de plasma (5 µl) e o reagente (250 µl), foram pipetadas para os poços de uma placa de microtitulação , misturadas e incubadas durante 10 minutos à temperatura ambiente. A absorvância das amostras desconhecidas foi então lida a 500 nm.

O L-Lactato também foi analisado, uma vez que é uma das matérias-primas da glucogénese, e foi medido colorimetricamente (kit de Lactato, #LC2389, Randox, Irlanda do Norte). Um volume de 5 µl do padrão e da amostra e 250 µl do reagente foram pipetados para os poços de uma placa de microtitulação, misturados e incubados durante 10 minutos à temperatura ambiente. A placa de microtitulação foi então lida no espetrofotómetro (Thermo Scientific™ Multiskan™ FC Microplate Photometer, EUA) a 550 nm.

Os níveis de glucose plasmática em jejum, colesterol total, triglicéridos e L-lactato foram calculados utilizando a seguinte equação:

Equação 4.

$$\frac{A\,sample}{A\,standard} \times Standard\ concentration\ (mmol\ L^{-1}),$$

em que A_{Sample} é a absorvância da amostra, $A_{standard}$ é a absorvância do padrão e a concentração do padrão (mmol/L): [Glicose] = 5,5 mmol/L, [Colesterol] = 5,3 mmol/ml, [Triglicéridos] = 2,21 mmol/L e [L-Lactato] = 2,2 mmol/L.

2.8. *Estatísticas*

Os dados são expressos como média ± erro padrão da média (SEM) ou percentagem (%). Os registos de dados brutos, incluindo a média, o mínimo, o máximo, o máximo-mínimo e o desvio padrão (DP) da frequência cardíaca, foram calculados a partir de traços de 30 segundos utilizando o software Chart 5 v5.4.2 (ADInstruments). A variabilidade da frequência cardíaca (VFC) também foi medida utilizando o software Chart 5 v5.4.2 (ADInstruments); no entanto, o utilizador não tinha conhecimento da origem dos dados. O Microsoft Excel foi utilizado para a construção de todas as figuras e tabelas, bem como para a análise estatística. Para a comparação das variáveis antes e depois da intervenção em cada grupo, foi utilizado o teste *t* emparelhado. As diferenças significativas entre os grupos foram determinadas através de um teste *t emparelhado.* A significância estatística foi fixada em $P<0,05$.

CAPÍTULO 3. RESULTADOS

3.1. Caraterísticas dos sujeitos

Durante este estudo, foram recrutados dez indivíduos (6 mulheres e 4 homens) na comunidade local e todos os dez completaram o estudo. A idade média dos participantes foi de 24,20 ± 1,10 anos (intervalo: 21-30 anos) e a altura média foi de 1,68 ± 0,03 m. Outras caraterísticas da população do estudo, incluindo peso, índice de massa corporal (IMC), gordura corporal, músculo corporal, corpo visceral, água corporal, perímetro da cintura, consumo de álcool, nível de exercício e ingestão estimada de canela no início e no final do estudo, são apresentadas na Tabela 1. Conforme apresentado na Tabela 1, não houve diferenças significativas (P>0,05) nas caraterísticas basais e pós-tratamento dos indivíduos em relação às variáveis antropométricas, mas foram observadas alterações significativas em relação à ingestão de canela (de 0,86 ± 0,10 g/d [pré] para 3,86 ± 0,10 g/d [pós], P<0,05). O peso, o IMC e os níveis de água corporal permaneceram inalterados durante o estudo, enquanto os níveis de gordura corporal e de gordura visceral corporal aumentaram marginalmente (26,94 ± 3,88% [pré] para 27,57 ± 3,66% [pós], NS e 5,82 ± 0,71% [pré] para 6,66 ± 0,69% [pós], NS, respetivamente). Por outro lado, os níveis de músculo corporal e perímetro da cintura não sofreram alterações significativas (33,31 ± 2,59% [pré] para 32,81 ± 2,49% [pós], NS e 78,00 ± 2,87 cm [pré] para 77,20 ± 2,63 cm [pós], NS, respetivamente). O cumprimento geral da toma dos suplementos de canela foi o exigido com base na devolução dos frascos vazios que continham o consumo diário de cápsulas. Além disso, não foram observados quaisquer efeitos adversos ou efeitos secundários durante este estudo.

Tabela 1. Caraterísticas da população do estudo no início e após o tratamento *

Variáveis	Controlo	Canela	Valor de p
n	10	10	-
Idade (anos)	24.20±1.10		-
Género			-
Homens (%)	60.00 (n=4)		-
Mulheres (%)	40.00 (n=6)		-
Altura (m)	1.68±0.03		-
Peso (kg)	66.57±4.24	66.65±4.39	0.36
IMC (kg m^2)	23.40±1.00	23.40±1.04	0.50
Gordura corporal (%)	26.94±3.88	27.57±3.66	0.15
Músculo corporal (%)	33.31±2.59	32.81±2.49	0.11
Gordura visceral do corpo (%)	5.82±0.71	6.66±0.69	0.16
Água corporal (%)	32.93±1.96	32.96±1.90	0.46
Circunferência da cintura (cm)	78.00±2.87	77.20±2.63	0.09
Consumo de álcool (unidades/semana)	1.90±0.57		-
Nível de exercício (horas/semana)	3.30±0.76		-
Estimativa da ingestão de canela (g/dia)	0.86±0.10	3.86±0.10	$2.63x10^{-14}$

IMC, Índice de Massa Corporal

* Os dados são médias ± SEM ou n (%), P<0,05

3.2. Frequência cardíaca (FC) e pressão arterial (PA)

Após uma semana de suplementação com canela (3 g/dia), observou-se que os indivíduos aumentaram a frequência cardíaca (FC) e os níveis de pressão arterial (PA). As medições médias da frequência cardíaca e da pressão arterial na linha de base e final do estudo são apresentadas na Figura 4 e na Figura 5, respetivamente. A Figura 4 mostra o efeito da canela na frequência cardíaca (batimentos/min) antes e depois do tratamento com canela e é composta pela FC média, FC mínima, FC máxima, amplitude da FC e desvio padrão da FC. A Figura 5 demonstra o efeito da canela nos níveis de pressão arterial (mm Hg) antes e depois do tratamento com canela, e é composta pela pressão arterial sistólica (PAS), pressão arterial diastólica (PAD), pressão arterial média (PAM), que é (PAS-PAD)/3 + PAD e pressão de pulso (PP), que é PAS-PAD. Como se pode ver nas Figuras 4 e 5, não se registaram diferenças significativas nas medições da frequência cardíaca ou da pressão arterial no início e após o tratamento. No entanto, observou-se que os indivíduos aumentaram a sua frequência cardíaca média em 4,20 batimentos/minuto (de 65,0 ± 2,05 batimentos/minuto [pré] para 69,2 ± 4,38 batimentos/minuto [pós], NS). Além disso, verificou-se que as pressões sanguíneas sistólica e diastólica aumentaram ligeiramente (de 112,27 ± 2,86 mm Hg [pré] para 114,07 ± 2,91 mm Hg [pós], NS, e 1,42 mm Hg (de 71,48 ± 1,75 mm Hg [pré] para 72,90 ± 2,35 mm Hg [pós], NS, respetivamente).

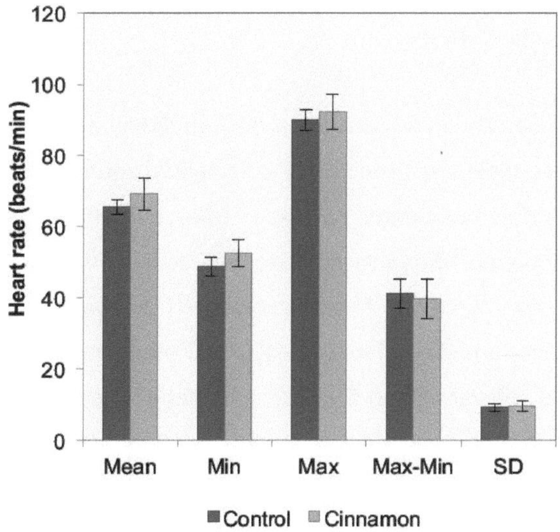

Figura 4. O efeito da ingestão de canela na média, mínimo, máximo, intervalo máximo-mínimo) e desvio padrão das medidas de frequência cardíaca no início e no final do estudo. Os dados são médias ± SEM, P<0,05. Min, mínimo; max, máximo; max-min, máximo-mínimo; DP, desvio padrão.

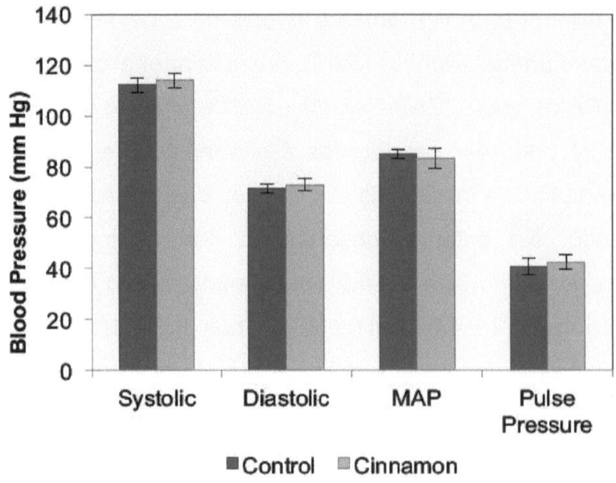

Figura 5. O efeito da ingestão de canela nas pressões sanguíneas sistólica, diastólica, arterial média e de pulso antes e depois da suplementação com canela. Os dados são médias ± SEM, P<0,05. PAM, Pressão Arterial Média.

3.3. Variabilidade da frequência cardíaca (HRV)

A Tabela 2 apresenta o efeito da canela na variabilidade da frequência cardíaca (VFC) em indivíduos deitados. Como mostra a Tabela 2, foi calculado o intervalo RR médio, que é o tempo médio entre dois batimentos cardíacos (ms), o intervalo RR mediano, que é o batimento cardíaco mais frequente em todo o ECG, o intervalo RR SD, que indica as diferenças entre os intervalos RR e o intervalo RR do coeficiente de variação (CV), que mostra a quantidade de variabilidade ECG. O efeito da canela na VFC foi examinado com base no software Chart 5 v5.4.2, que mede a frequência (Hz) e consiste em três bandas: frequência muito baixa (VLF) de 0,003 a 0,04 Hz, baixa frequência (LF) de 0,04 a 0,15 Hz e alta frequência (HF) de 0,15 a 0,4 Hz. A LF representa o sistema nervoso simpático, também designado por acelerador, enquanto a HF representa o sistema nervoso parassimpático, também designado por travão, e o rácio LF/HF representa o equilíbrio entre ambos (Bigger *et al.,* 1992). Este equilíbrio entre o acelerador e o travão é muito importante no controlo da FC, uma vez que o acelerador aumenta a FC e o travão diminui a FC. No entanto, como mostrado na Tabela 2, a FC média permaneceu inalterada, enquanto a relação

LF/HF reduziu significativamente em 0,73 (de 1,59 ± 0,425 [pré] para 0,86 ± 0,158 [pós], P<0,05). Além disso, foi detectada uma queda no LF (de 3011 ± 834,348 ms^2 [pré] para 2713,5 ± 111,9,331 ms^2 [pós], NS) e um aumento no HF (de 2677,8 ± 772,691 ms^2 [pré] para 3241,1 ± 1111,341 ms^2 [pós], NS). Portanto, pode-se concluir que a canela causou um efeito entre o equilíbrio dos sistemas nervosos simpático e parassimpático, apesar de não alterar a FC.

Tabela 2. Efeito da suplementação com canela na variabilidade da frequência cardíaca dos indivíduos deitados *

Variáveis	Controlo	Canela	Valor de p
Batidas contadas	259.9±29.5	227.4±27.8	0.18
Intervalo RR médio (ms)	915.5±43.0	928.4±53.7	0.36
Intervalo RR mediano (ms)	922.7±45.3	936.7±56.8	0.35
SD Intervalo RR	76.06±8.9	75.3±13.9	0.47
CV Intervalo RR	0.08±0.01	0.08±0.01	0.34
FC média (batimentos/min)	67.3±3.1	67.2±4.1	0.48
SD HR	5.6±0.3	5.2±0.6	0.27
SD SD	67.6±10.0	77.3±15.9	0.23
Potência			
TOTAL (ms^2)	7720.9±1728.8	8551.1±3325.4	0.38
VLF	1865.2±325.9	2566.5±1086.5	0.25
LF	3011.7±834.3	2713.5±1119.3	0.36
HF	2677.8±772.7	3241.1±1111.3	0.28
Rácio LF/HF	1.59±0.4	0.86±0.2	0.04

RR, R é um ponto correspondente ao pico do complexo QRS da onda ECG, e RR é o intervalo entre RS; DP, desvio padrão; CV, coeficiente de variância; FC, frequência cardíaca; VLF, frequência muito baixa; LF, baixa frequência HF, alta frequência

* Os dados são médias ± SEM, P<0,05

3.4. Teste oral de tolerância à glucose (OGTT)

A figura 6 ilustra as respostas da glucose após OGTT na linha de base e no final do estudo. A comparação entre o controlo e a canela revelou uma diferença significativa nas respostas da glicose. A resposta da glicose no sangue foi significativamente reduzida após o tratamento com canela ($OGTT_{cin}$) quando comparada com a linha de base ($OGTT_{control}$) em 0,52 mmol/L (de 5,95 ± 0,23 mmol/L [pré] para 5,43 ± 0,27 mmol/L [pós], P<0,05).

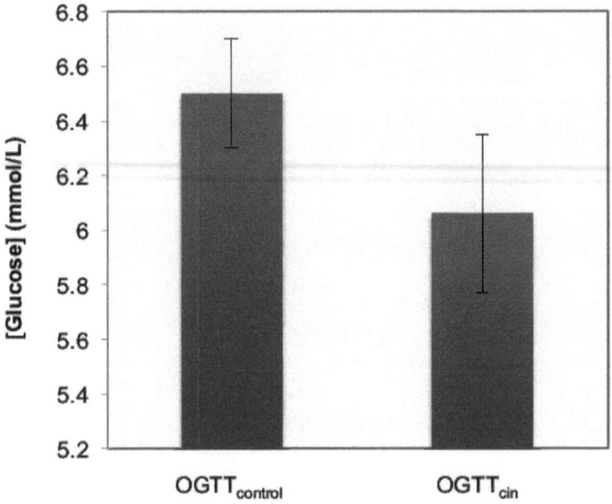

Figura 6. Perfil da concentração plasmática de glicose durante os 30 minutos de OGTT. Os dados são médias ± SEM, P<0,05. A resposta da glicose no OGTT suplementado com canela ($OGTT_{cin}$) foi significativamente diferente do $OGTT_{controlo}$ (P=0,002).

3.5. Medições bioquímicas

Um doente não pôde dar sangue por razões pessoais, o que resultou em nove amostras de sangue disponíveis para análise bioquímica. As médias ± SEM da glucose plasmática em jejum, da variação da glucose plasmática (ΔGlucose plasmática), da insulina plasmática, do colesterol total, dos triglicéridos e do L-lactato para a população não tratada e para a população tratada com canela estão resumidas na Tabela 3. Como se pode ver no quadro 3, desde o início do estudo (não tratados) até ao fim (tratados com canela), os níveis de glucose plasmática em jejum baixaram de 6,23 ± 0,24 mmol/L para 5,69 ± 0,31 mmol/L. A figura 7 indica o efeito da canela na concentração de glucose no plasma. A comparação entre a linha de base e o pós-tratamento indicou uma redução notável nos níveis médios de glucose plasmática em jejum em quase todos os indivíduos e esta redução foi estatisticamente significativa com P<0,05 (P=0,003). A alteração média (Δ) dos níveis de glucose no plasma foi também calculada subtraindo os níveis de glucose no sangue medidos 30 minutos após a ingestão da bebida contendo 50 g de glucose (OGTT) dos níveis de glucose no plasma em jejum. Os dados indicaram que essa alteração foi elevada de 0,27 ± 0,07 mmol/L para 0,36 ± 0,08 mmol/L e pode ser vista mais claramente na Figura 8. Os níveis de insulina também foram medidos no início e no final do estudo, mas não foram observadas alterações significativas (P>0,05). No entanto, os níveis de insulina aumentaram ligeiramente de 10,97 ± 0,77 µIU/ml para 12,19 ± 0,89 µIU/ml, o que representa uma melhoria do controlo glicémico. Para além disso, foram calculados os níveis de colesterol total, triglicerídeos e L-lactato, mas nenhum deles foi significativamente alterado (P>0,05). No entanto, os níveis de colesterol total foram ligeiramente aumentados de 0,66 ± 0,09 mmol/L para 0,82 ± 0,14 mmol/L e tanto os níveis de triglicéridos como os de L-lactato foram reduzidos de forma insignificante de 1,11 ± 0,11 mmol/L para 1,00 ± 0,10 mmol/L e de 3,38 ± 0,13 mmol/L para 3,09 ± 0,13 mmol/L, respetivamente.

Tabela 3. Efeito da canela na bioquímica plasmática antes e depois do tratamento *

Variáveis	**Não tratado**	**Canela**	**Valor de p**
Glicose plasmática em jejum (mmol/L)	6.23±0.24	5.69±0.31	0.003
ΔGlicose plasmática (mmol/L)	0.27±0.07	0.36±0.08	-
Insulina plasmática (µIU/ml)	10.97±0.77	12.19±0.89	0.08
Colesterol total (mmol/L)	3.38±0.13	3.09±0.13	0.11
Triglicéridos (mmol/L)	1.11±0.11	1.00±0.10	0.11
L-Lactato (mmol/L)	0.66±0.09	0.82±0.14	0.12

* Os dados são médias ± SEM, P<0,05

3.6. Medidas da resistência à insulina e da sensibilidade à insulina

Os índices de resistência à insulina e de sensibilidade à insulina foram estimados com base no HOMA-IR e no QUICKI, respetivamente, que foram calculados utilizando a Equação 2 e a Equação 3, respetivamente. Os níveis médios basais de resistência e sensibilidade à insulina permaneceram inalterados quando comparados com o pós-tratamento (HOMA-IR, 3,02 ± 0,21 vs. 3,02 ± 0,20, NS e QUICKI, 0,33 ± 0,003 vs. 0,32 ± 0,003, NS). Estes valores pós-tratamento não foram considerados estatisticamente significativos como HOMA-IR, P=0,47 e QUICKI, P=0,44 (P>0,05).

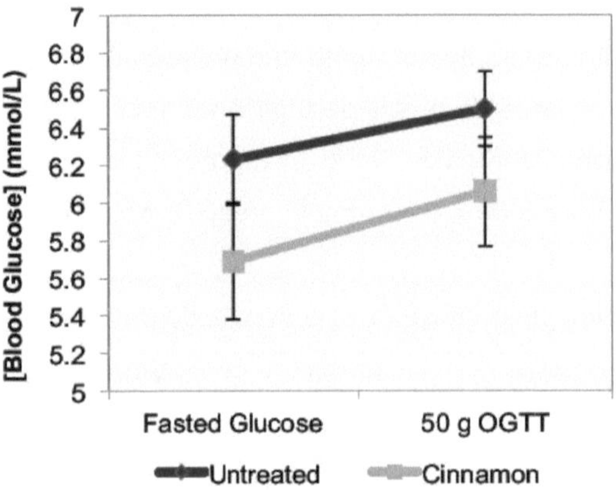

Figura 7. Efeito da canela na concentração plasmática de glucose em indivíduos saudáveis. Os dados são médias ± SEM, P<0,05. OGTT, Teste oral de tolerância à glucose.

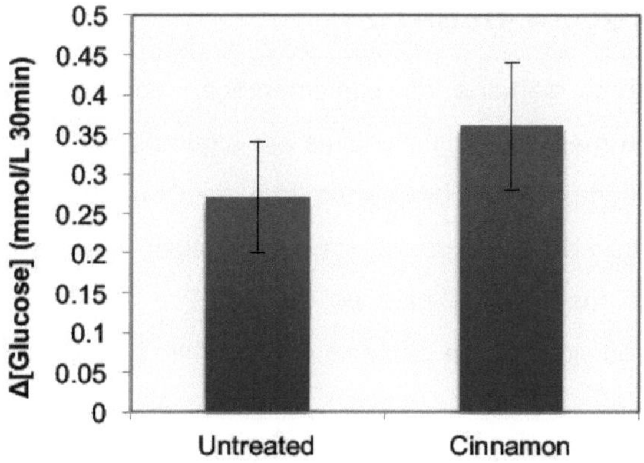

Figura 8. Alteração média na concentração de glucose no plasma (Δ[Glucose]) medida antes e depois do tratamento com canela. Os dados são médias ± SEM, P<0,05.

CAPÍTULO 4. DEBATE

O presente estudo mostra que uma semana de suplementação com canela (*Cinnamomum cassia,* 3 g/d) leva a melhorias significativas em algumas variáveis bioquímicas e antropométricas em comparação com a linha de base. Os resultados deste estudo indicam que o consumo de 3 g/d de canela pode reduzir a glucose plasmática em jejum, melhorar as respostas à glucose no OGTT e diminuir o equilíbrio entre os sistemas nervosos simpático e parassimpático (rácio LF/HF) em indivíduos saudáveis.

A descida observada nos níveis de glucose plasmática em jejum neste estudo (8,7%) é inferior à de Khan *et al.* (2003) (1 g/d: 25,0%, 3g/d: 17,5%, 6 g/d: 29,2%) e Mang's *et al.* (2006) (12,0%) mas semelhante à de Ziegenfuss's *et al.* (2006) (8,4%). Khan *et al.* (2003) introduziram os dados primários sobre os efeitos da toma de suplementos de canela em seres humanos. Examinaram os efeitos de 1, 3 e 6 g/d de canela inteira em pó na glicemia em jejum e nos lípidos séricos em 10 pacientes com diabetes de tipo 2 durante um período de 40 dias. A ingestão de canela resultou numa redução significativa da glicemia em jejum (18-29%), dos triglicéridos (23-30%), do colesterol LDL (7-27%) e do colesterol total (12-26%). Mang *et al.* (2006) suplementaram 32 pacientes diabéticos com 3 g/d de canela durante um período de quatro meses. Embora os níveis de lípidos séricos não tenham sofrido alterações no seu estudo, os investigadores observaram uma redução significativa dos níveis de glicose no plasma em jejum (12%). Além disso, a diminuição da glicose plasmática estava correlacionada com as concentrações de base, concluindo que os pacientes com uma concentração inicial de glicose plasmática mais elevada (ou com um pior controlo glicémico) podem sofrer uma maior redução após a ingestão de canela. Além disso, Ziegenfuss *et al.* (2003) registaram uma redução de 8,4% na glicose plasmática em jejum em 12 indivíduos com síndrome metabólica, tratados com 500 mg/d de canela durante 12 semanas. Isto indica que mesmo uma dose mais baixa de canela pode levar a uma redução significativa da glicose plasmática, mesmo em indivíduos com níveis mais baixos de glicose plasmática em jejum (6,46 mmol/L) e, por conseguinte, propõe uma possível correlação entre a glicose plasmática em jejum inicial, a dose de canela e a diminuição dos níveis glicémicos. Nem todos os estudos estabeleceram efeitos benéficos da canela na glucose sanguínea em jejum. Vanschoonbeek *et al.* (2006) não conseguiram detetar quaisquer melhorias significativas em nenhum dos índices de controlo glicémico, incluindo a glicemia em jejum, a sensibilidade à insulina, a resistência à insulina, o OGTT ou os lípidos sanguíneos em 12 mulheres pós-menopáusicas com diabetes de tipo 2 após 6 semanas de suplementação com 1,5 g/d de canela. Além disso, Blevins *et al.* (2007) não relataram qualquer efeito na resistência à insulina ou no perfil lipídico em pacientes diabéticos suplementados com 1 g/d de canela durante 12 semanas.

O principal objetivo do presente estudo foi determinar se a ingestão de doses específicas de canela afectaria a glicose plasmática em jejum, a insulina, os triglicéridos, o colesterol total e as concentrações de L-lactato. Foi observada uma redução significativa da glicose plasmática em jejum, mas não foram observadas alterações significativas no perfil lipídico, nos níveis de L-lactato ou de insulina em comparação com a linha de base neste estudo. A resistência à insulina resulta na produção excessiva de lipoproteínas de muito baixa densidade (VLDL) e na redução da atividade da lipoproteína lipase, conduzindo assim à dislipidemia (Simsolo *et al.*, 1992). Assim, a obtenção de um melhor controlo glicémico (níveis normais de glicose no sangue) pode melhorar o perfil lipídico. Aparentemente, não foram detectadas alterações porque a diminuição das concentrações plasmáticas de glicose não foi suficiente para induzir uma melhoria das concentrações de lipoproteínas e também porque os níveis de lípidos dos sujeitos não eram tão anormais para se notar um efeito em comparação com os do estudo de Khan *et al.* (2003).

O objetivo secundário do estudo era avaliar a segurança deste composto através da determinação de alterações nos marcadores padrão de saúde, como a pressão arterial, a frequência cardíaca e a variabilidade da frequência cardíaca, e observar alterações em diversas variáveis antropométricas. Não foram observadas alterações significativas nas variáveis antropométricas, nem na pressão arterial sistólica/diastólica e na frequência cardíaca, mas o rácio LF/HF diminuiu significativamente em 0,73 em comparação com a linha de base no presente estudo. No entanto, Ziegenfuss *et al.* (2006) registaram uma redução estatisticamente significativa da pressão arterial sistólica (de 133 mm Hg para 129 mm Hg), bem como um aumento da massa magra (1,1%) e uma diminuição da gordura corporal (0,7%). Estes resultados sugerem que as melhorias na glucose plasmática em jejum, combinadas com o facto de a canela ter efeitos antioxidantes (Shan *et al.*, 2005), que podem ter impacto na sinalização hormonal através da ligação cruzada das adipocinas, são responsáveis pelos efeitos benéficos da canela na composição corporal e na pressão arterial. Investigações anteriores revelaram uma relação entre a gordura corporal e a capacidade antioxidante *in vivo* (Chrysochoou *et al.*, 2006). Além disso, Couturier *et al.* (2010) propuseram que, em animais que receberam uma dieta rica em frutose/gordura para estimular a resistência à insulina, a canela alterou a composição corporal, melhorando simultaneamente a sensibilidade à insulina. Obviamente, a redução das concentrações plasmáticas de glicose e insulina e do peso corporal no presente estudo não foi suficiente para causar uma melhoria da pressão arterial. Além disso, utilizando registos de ECG a curto prazo, foi investigado o efeito da suplementação com canela na VFC. Verificou-se que a canela provoca uma alteração entre o equilíbrio dos sistemas nervosos simpático e parassimpático, que foi medido pelo rácio LF/HF, apesar de não alterar a frequência cardíaca. Os indivíduos não notaram qualquer diferença, mas a canela teve um efeito no funcionamento do sistema nervoso. Em condições fisiológicas normais, por exemplo, em repouso, o coração é ativado pelo sistema nervoso parassimpático, que mantém a frequência cardíaca a um ritmo constante. Assim, uma explicação possível seria que o sistema nervoso parassimpático (HF), também chamado de travão, suprimiu e contrariou o sistema nervoso simpático (LF), o acelerador, mantendo o ritmo cardíaco a 67 batimentos/minuto. No entanto, o mecanismo exato de como a canela está a afetar este equilíbrio ainda é desconhecido e são necessários mais estudos para elucidar esta questão, uma vez que não foram realizados estudos anteriores.

Além disso, o terceiro objetivo do estudo era determinar se a administração oral de canela melhoraria a sensibilidade à insulina, a resistência à insulina e as respostas da glicose ao OGTT. A utilização de canela não alterou os índices de sensibilidade à insulina (QUICKI) ou de resistência à insulina (HOMA-IR), mas afectou as respostas dos indivíduos à glicose no OGTT. Suspeita-se que não foram observadas alterações significativas nos índices de sensibilidade à insulina e de resistência à insulina devido aos valores muito baixos de glucose plasmática em jejum pré-intervenção. Em comparação com outros estudos, o presente estudo (6,2 mmol/L), juntamente com os estudos de Vanschoonbeek *et al.* (2006) (8,3 mmol/L) e Ziegenfuss *et al.* (2006) (6,5 mmol/L), apresentou os valores mais baixos de glucose plasmática pré-intervenção; assim, isto pode explicar a ausência de efeito nos índices HOMA-IR e QUICKI. Além disso, os hábitos alimentares, a atividade física e o tipo de canela podem ser alguns dos factores que influenciam o controlo glicémico e a sensibilidade à insulina. Wang *et al.* (2007) relataram uma redução no índice de resistência à insulina e recomendaram que essa redução pode ser mediada por um aumento na utilização da glicose. O OGTT apresentou uma diminuição significativa (0,52 mmol/L) após o tratamento com canela em comparação com a linha de base no presente estudo; por conseguinte, pode concluir-se que a suplementação com canela melhora a tolerância oral à glucose em indivíduos saudáveis.

Algumas das limitações deste estudo foram a duração do estudo (7 dias), a dose de canela (3 g/d) e a impossibilidade de efetuar os testes adequados para a determinação do colesterol LDL e do colesterol HDL devido a limitações financeiras. Outros estudos, que tiveram uma duração mais longa e administraram doses mais elevadas de canela, detectaram efeitos superiores aos deste estudo. Além disso, o recrutamento de outro grupo ao qual é administrada uma dose mais elevada de canela forneceria mais dados.

Em conclusão, com base nas observações deste estudo, a ingestão de três gramas por dia de canela pode levar a um efeito notável no perfil glicémico e na VFC, mas não na pressão arterial, na frequência cardíaca, no perfil lipídico do sangue ou nos parâmetros de composição corporal. Por conseguinte, pode propor-se que a inclusão de canela na dieta pode desempenhar um papel benéfico na terapia de várias doenças associadas à hiperglicemia, como a diabetes. O custo razoável, a disponibilidade e o perfil de segurança da canela tornam-na uma opção de baixo risco para esta população.

REFERÊNCIAS

Estudo do Técnico de Ambulância. (2006). *Noções básicas de ECG.* [Online]. [Acedido em 16 de agosto de 2015]. Disponível em: http://www.ambulancetechnicianstudy.co.uk/ecgbasics.html

Anderson, R. (2001). Isolamento e caraterização de polímeros de chalcona de canela com atividade biológica de ligação à insulina. *Journal of Agriculture and Food Chemistry,* **52,** 65-70.

Anderson, R. A., Broadhurst, C. L., Polansky, M. M., Schmidt, W. F., Khan, A., Flanagan, V. P., Schoene, N. W. & Graves, D. J. (2004). Isolamento e caraterização de polímeros de polifenol tipo A da canela com atividade biológica semelhante à insulina. *Jornal de química agrícola e alimentar,* **52,** 65-70.

Bigger, J. T., Fleiss, J. L., Steinman, R. C., Rolnitzky, L. M., Kleiger, R. E. & Rottman, J. N. (1992). Medidas do domínio da frequência da variabilidade do período cardíaco e mortalidade após enfarte do miocárdio. *Circulation,* **85,** 164-171.

Blevins, S. M., Leyva, M. J., Brown, J., Wright, J., Scofield, R. H. & Aston, C. E. (2007). Effect of cinnamon on glucose and lipid levels in Non-insulin-dependent type 2 diabetes. *Diabetes care,* **30,** 2236-2237.

Cao, H., Polansky, M. M. & Anderson, R. A. (2007). O extrato de canela e os polifenóis afectam a expressão da tristetraprolina, do recetor de insulina e do transportador de glicose 4 nos adipócitos 3T3-L1 do rato. *Archives of biochemistry and biophysics,* **459,** 214-222.

Chrysohoou, C., Panagiotakos, D. B., Pitsavos, C., Skoumas, I., Papademetriou, L., Economou, M. & Stefanadis, C. (2007). A implicação da obesidade na capacidade antioxidante total em homens e mulheres aparentemente saudáveis: o estudo ATTICA. *Nutrição, Metabolismo e Doenças Cardiovasculares,* **17,** 590597.

Couturier, K., Batandier, C., Awada, M., Hininger-Favier, I., Canini, F., Anderson, R., Leverve, X. & Roussel, A. M. (2010). A canela melhora a sensibilidade à insulina e altera a composição corporal num modelo animal da síndrome metabólica. *Arquivos de bioquímica e biofísica,* **501,** 158-161.

Dugoua, J. J., Seely, D., Perri, D., Cooley, K., Forelli, T., Mills, E. & Koren, G. (2007). From type 2 diabetes to antioxidant activity: a systematic review of the safety and efficacy of common and cassia cinnamon bark Este artigo faz parte de uma seleção de artigos publicados nesta edição especial (parte 1 de 2) sobre a Segurança e Eficácia dos Produtos Naturais para a Saúde. *Revista Canadiana de Fisiologia e Farmacologia,* **85,** 837-847.

Gende, L. B., Floris, I., Fritz, R. & Eguaras, M. J. (2008). Atividade antimicrobiana do óleo essencial de canela (Cinnamomum zeylanicum) e seus principais componentes contra larvas de Paenibacillus da Argentina. *Boletim de insetologia,* **61,** 1.

Hara, K., Yonezawa, K., Sakaue, H., Ando, A., Kotani, K., Kitamura, T., Kitamura, Y., Ueda, H., Stephens, L. & Jackson, T. R. (1994). 1- A atividade da fosfatidilinositol 3-quinase é necessária para o transporte de glicose estimulado pela insulina, mas não para a ativação do RAS em células CHO. *Proceedings of the National Academy of Sciences,* **91,** 7415-7419.

Hlebowicz, J., Darwiche, G., Bjorgell, O. & Almer, L. O. (2007). Effect of cinnamon on postprandial blood glucose, gastric esptying, and satiety in healthy subjects. *The American journal of clinical nutrition,* **85,** 1552-1556.

Howard, M. E. & White, N. D. (2013). Benefícios potenciais da canela no diabetes tipo 2. *American Journal of Lifestyle Medicine, **7,*** 23-26.

Imparl-Radosevich, J., Deas, S., Polansky, M. M., Baedke, D. A., Ingebritsen, T. S., Anderson, R. A. & Graves, D. J. (1998). Regulação da PTP-1 e da quinase do recetor de insulina por fracções da canela: implicações para a regulação da canela na sinalização da insulina. *Hormone Research in Paediatrics,* **50,** 177-182.

Jarvill-Taylor, K. J., Anderson, R. A. & Graves, D. J. (2001). A hydroxychalcone derived from cinnamon functions as a mimetic for insulin in 3T3-L1 adipocytes. *Journal of the American College of Nutrition, **20,*** 327-336.

Kahn, C. R. & White, M. (1988). O recetor de insulina e o mecanismo molecular da ação da insulina. *Journal of Clinical Investigation,* **82,** 1151.

Katz, A., Nambi, S. S., Mather, K., Baron, A. D., Follmann, D. A., Sullivan, G. & Quon, M. J. (2000). Quantitative insulin sensitivity check index: um método simples e preciso para avaliar a sensibilidade à insulina em humanos. *The Journal of Clinical Endocrinology & Metabolism,* **85,** 2402-2410.

Khan, A., Bryden, N. A., Polansky, M. M. & Anderson, R. A. (1990). Insulin potentiating fator and chromium content of selected foods and spices. *Biological trace element research,* **24,** 183-188.

Khan, A., Safdar, M., Khan, M. M. A., Khattak, K. N. & Anderson, R. A. (2003). Cinnamon improves glucose and lipids of people with type 2 diabetes. *Diabetes care,* **26,** 3215-3218.

Mang, B., Wolters, M., Schmitt, B., Kelb, K., Lichtinghagen, R., Stichtenoth, D. & Hahn, A. (2006). Efeitos de um extrato de canela na glicose plasmática, HbA1c e lípidos séricos na diabetes mellitus tipo 2. *Revista Europeia de Investigação Clínica,* **36,** 340-344.

Matthews, D., Hosker, J., Rudenski, A., Naylor, B., Treacher, D. & Turner, R. (1985). Avaliação do modelo de homeostase: resistência à insulina e função das células P da glicose plasmática em jejum e concentrações de insulina no homem. *Diabetologia,* **28,** 412-419.

Qin, B., Nagasaki, M., Ren, M., Bajotto, G., Oshida, Y. & Sato, Y. (2003). O extrato de canela (erva tradicional) potencia a utilização de glucose regulada pela insulina in vivo através do aumento da sinalização da insulina em ratos. *Diabetes research and clinical practice,* **62,** 139-148.

Ranasinghe, P., Pigera, S., Premakumara, G. S., Galappaththy, P., Constantine, G. R. & Katulanda, P. (2013). Propriedades medicinais da canela 'verdadeira' (Cinnamomum zeylanicum): uma revisão sistemática. *BMC medicina complementar e alternativa,* **13,** 275.

Rudkowska, I. (2009). Alimentos funcionais para a saúde: foco na diabetes. *Maturitas,* **62,** 263-269.

Schoene, N. W., Kelly, M. A., Polansky, M. M. & Anderson, R. A. (2005). Polifenóis poliméricos solúveis em água da canela inibem a proliferação e alteram os padrões de distribuição do ciclo celular de linhas de células tumorais hematológicas. *Cancer letters,* **230,** 134-140.

Shan, B., Cai, Y. Z., Sun, M. & Corke, H. (2005). Capacidade antioxidante de 26 extractos de especiarias e caraterização dos seus constituintes fenólicos. *Jornal de química agrícola e alimentar,* **53,** 7749-7759.

Simsolo, R. B., Ong, J. M., Saffari, B. & Kern, P. (1992). Effect of improved diabetes control on the expression of lipoprotein lipase in human adipose tissue. *Journal of lipid research,* ***33,*** 89-95.

Singh, G., Maurya, S. & Catalan, C. A. (2007). A comparison of chemical, antioxidant and antimicrobial studies of cinnamon leaf and bark volatile oils, oleoresins and their constituents. *Food and Chemical Toxicology,* **45,** 16501661.

Singletary, K. (2008). Cinnamon: overview of health benefits (Canela: visão geral dos benefícios para a saúde). *Nutrition Today,* **43,** 263-266.

Solomon, T. & Blannin, A. (2007). Efeitos da ingestão de canela a curto prazo na tolerância à glucose in vivo. *Diabetes, Obesity and Metabolism,* **9,** 895-901.

Vanschoonbeek, K., Thomassen, B. J., Senden, J. M., Wodzig, W. K. & Van Loon, L. J. (2006). A suplementação com canela não melhora o controlo glicémico em pacientes pós-menopáusicas com diabetes tipo 2. *The Journal of nutrition,* **136,** 977-980.

Wang, J. G., Anderson, R. A., Graham, G. M., Chu, M. C., Sauer, M. V., Guarnaccia, M. M. & Lobo, R. A. (2007). O efeito do extrato de canela nos parâmetros de resistência à insulina na síndrome dos ovários poliquísticos: um estudo piloto. *Fertilidade e Esterilidade,* **88,** 240-243

Wang, S. Y., Chen, P. F. & Chang, S. T. (2005). Actividades antifúngicas de óleos essenciais e seus constituintes de folhas de canela indígena (Cinnamomum osmophloeum) contra fungos de decomposição da madeira. *Bioresource Technology,* **96,** 813-818.

White, M. F. (1998). O sistema de sinalização IRS: uma rede de proteínas de acoplamento que medeiam a ação da insulina. *Molecular and cellular biochemistry,* **182,** 3-11.

Ziegenfuss, T. N., Hofheins, J. E., Mendel, R. W., Landis, J. & Anderson, R. A. (2006). Efeitos de um extrato de canela solúvel em água na composição corporal e nas caraterísticas da síndrome metabólica em homens e mulheres pré-diabéticos. *Jornal da Sociedade Internacional de Nutrição Desportiva,* **3,** 45.

APÊNDICES

Anexo 1. Uma amostra do questionário sobre saúde geral e hábitos alimentares que foi preenchido pelos sujeitos no início do estudo.

Preencher o questionário abaixo e assinalar (✓), se aplicável.

1. Data:

2. Idade (y):

3. Sexo (M/F):

4. Altura (m):

5. Peso (kg):

6. IMC (kg/m^2):

7. Exercício de resistência (corrida, ciclismo, natação, etc.) [HRS/Semana]:

8. Exercício de resistência/condicionamento (exercício de força, ioga, pilates, etc.) [HRS/semana]:

9. Quantas unidades de álcool consome por semana? [Por exemplo, um copo de vinho - 2 unidades, uma cerveja/lata de cerveja - 2 unidades, um pequeno shot de bebidas espirituosas - 1 unidade]:

10. Quantas horas de sono dormiu na noite anterior?

11. Como descreveria o seu sono? (Sono leve, sono profundo ou acordar durante a noite):

12. Sente tonturas ou vertigens antes de tomar o pequeno-almoço?

13. Como classificaria a sua dieta numa escala de 0 a 5, em que 0 representa "pouco saudável" e 5 representa "muito saudável"?

Outras questões

14. Que suplemento vai tomar?

15. Já tomou suplementos semelhantes (cápsulas de café verde, óleo de peixe, beterraba, raiz de gengibre, vitaminas, minerais, etc.)?

16. Em caso afirmativo, que tipo de suplemento e por que motivo o tomou?

Para cada pergunta, utilize "sempre" para todos os dias, "frequentemente" para 3-5 vezes por semana, "às vezes" para 1-2 vezes por semana, "raramente" para 1-2 vezes por mês e "nunca" para nenhuma vez:

	Sempre	Frequentemente	Por vezes	Raramente	Nunca
Consumo de alimentos e bebidas que contenham canela:					
Produtos de padaria, por exemplo, pãozinho de canela, tarte de maçã, bolo de cenoura, muffins, biscoitos					
Chá/bebidas, por exemplo, Chai latte, chá com especiarias/ervas, nescafé/cappuccino em pó					
Arroz, por exemplo, arroz Pilau e arroz oriental					
Especiarias, por exemplo, canela em pó, pau de canela, caril em pó, tikka, korma, tandoori, etc.					
Molhos para cozinhar, por *exemplo,* churrasco, tikka masala, caril, korma, molho para fritar, etc.					

Apêndice 2. Estimativa da ingestão de canela (g/dia) dos indivíduos com base no seu consumo de alimentos e bebidas que contêm canela.

	População do estudo (n=10)									
Alimentos e bebidas	1	2	3	4	5	6	7	8	9	10
Produtos de padaria										
Biscoitos	-	-	1	1	-	1	-	1	1	1
Bolo de cenoura	-	-	3	3	-	3	3	3	-	-
Canela em espiral	4	4	-	-	-	-	-	-	4	-
Chá/Bebidas										
Chai latte, cappuccino em pó, etc.	-	-	-	1	-	-	1	1	1	-
Chá com especiarias/ervas	-	-	-	1	-	-	-	-	-	-
Arroz										
Arroz Pilau	2	2	-	2	2	2	-	-	2	2
Especiarias										
Canela moída	-	-	-	-	-	-	3	-	-	-
Caril em pó, tikka, korma, etc.	3	-	-	3	-	3	-	3	3	-
Molhos para cozinhar										
Churrasco, caril, molho para fritar, etc.	2	2	2	2	2	2	-	-	2	2
Pontuação total:	**11**	**8**	**6**	**13**	**4**	**11**	**7**	**8**	**13**	**5**
Estimativa da ingestão de canela na dieta (g)	1.1	0.8	0.6	1.3	0.4	1.1	0.7	0.8	1.3	0.5
Ingestão estimada de canela (dieta + 3 g) (g)	4.1	3.8	3.6	4.3	3.4	4.1	3.7	3.8	4.3	3.5

Biscoito = Pontuação de 1 = 100 mg = 0,1 g

Apêndice 3. Curva padrão para o teste ELISA para a insulina humana.

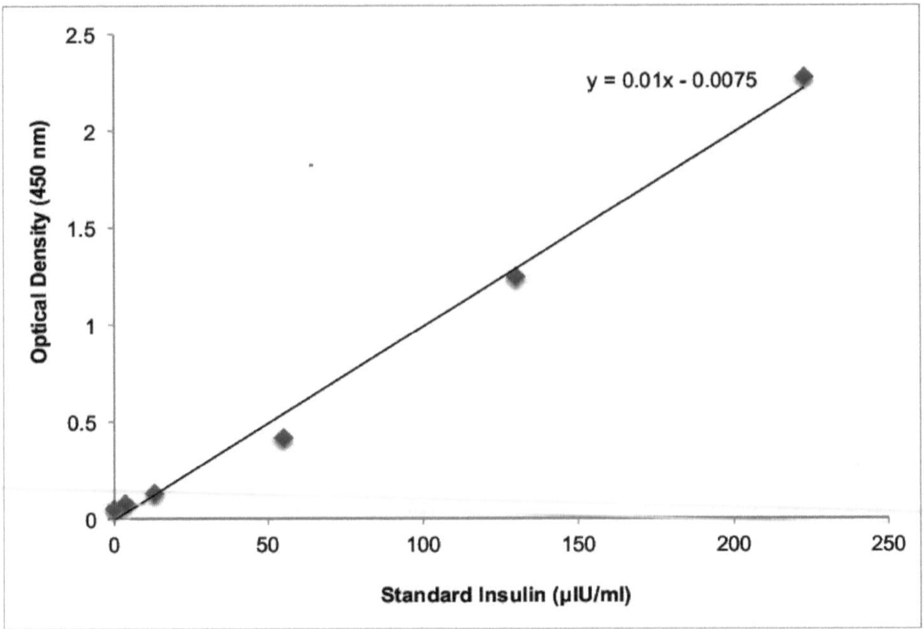

MIX
Papier aus verantwortungsvollen Quellen
Paper from responsible sources
FSC® C105338

Printed by Books on Demand GmbH, Norderstedt / Germany